目　次

前　　言

本标准按照 GB/T 1.1—2009《标准化工作导则　第 1 部分：标准的结构和编写》的规则起草。

本标准由中国电力企业联合会提出。

本标准由电力行业电能质量及柔性输电标准化技术委员会归口。

本标准起草单位：全球能源互联网研究院、中电普瑞电力工程有限公司、国网浙江省电力公司电力科学研究院、许继集团许继柔性输电系统公司、国家电网公司、南京南瑞继保电气有限公司、国网江苏省电力公司电力科学研究院、国网上海市电力公司、杭州柔瑞科技有限公司。

本标准主要起草人：贺之渊、于坤山、吕铮、张建平、常忠廷、张文亮、谢晔源、李泓志、陈兵、雷晰、戴缘生、胡群荣。

本标准在执行过程中的意见或建议反馈至中国电力企业联合会标准化管理中心（北京市白广路二条一号，100761）。

ICS 29.240.01
F 24
备案号：53934-2016

中华人民共和国电力行业标准

DL / T 1513 — 2016

柔性直流输电用电压源型换流阀　电气试验

Voltage sourced converter (VSC) valves for VSC-HVDC transmission-Electrical testing

2016-01-07发布　　2016-06-01实施

国家能源局　发 布

柔性直流输电用电压源型
换流阀　电气试验

1　范围

本标准规定了柔性直流输电用电压源型换流阀（Voltage Sourced Converter Valves，VSC 阀）电气型式试验、出厂试验和现场交接试验。

本标准适用于高压直流输电或背靠背系统的三相桥式电压源型换流阀。本标准规定的试验主要针对空气绝缘阀，其他类型的阀也可参照执行。

2　规范性引用文件

下列文件对于本文件的应用是必不可少的。凡是注日期的引用文件，仅注日期的版本适用于本文件。凡是不注日期的引用文件，其最新版本（包括所有的修改单）适用于本文件。

GB 311.1　绝缘配合　第 1 部分：定义、原则和规则

GB/T 16927.1　高电压试验技术　第 1 部分：一般定义及试验要求

GB/T 16927.2　高电压试验技术　第 2 部分：测量系统

GB/T 20990.1—2007　高压直流输电晶闸管阀　第 1 部分：电气试验

GB/T 27025　检测和校准实验室能力的通用要求

GB/T 30553—2014　基于电压源换流器的高压直流输电

DL/T 1193—2012　柔性输电术语

3　术语和定义

GB/T 30553—2014、DL/T 1193—2012 界定的以及下列术语和定义适用于本文件。为了便于使用，以下重复列出了 GB/T 30553—2014、DL/T 1193—2012 中的某些术语和定义。

3.1

可关断半导体器件　turn-off semiconductor device

一种通过控制信号可以开通和关断的电力电子器件。

注：柔性直流输电用电压源型换流阀可使用数种可关断半导体器件。本标准使用术语 IGBT 指代主要的可关断半导体器件，但本标准可等效适用于其他类型可关断半导体器件。

3.2

绝缘栅双极晶体管　insulated gate bipolar transistor；IGBT

具有导通和关断负荷电流的可控开关。IGBT 有三个端子：门极端子（G）和两个负荷端子发射极（E）、集电极（C）。

注：通过在门极和发射极之间施加适当的电压，可以控制一个方向的电流，即导通和关断。

［GB/T 30553—2014，定义 3.3.2］

3.3

续流二极管　free-wheeling diode；FWD

具有二极管特性的功率半导体器件。续流二极管有两个端子：一个阳极（A）和一个阴极（K）。流过续流二极管的电流和流过 IGBT 的电流方向相反。

续流二极管具有承受 IGBT 开关动作导致的快速下降电流的能力。

［GB/T 30553—2014，定义 3.3.3］

3.4

IGBT-二极管对　IGBT-diode pair

反并联的 IGBT 和续流二极管组。

［GB/T 30553—2014，定义 3.3.4］

3.5

多电平换流器　multi-level converter

交流侧输出相电压波形中电平数大于 3 的电压源换流器。

［GB/T 30553—2014，定义 3.4.6］

3.6

电压源换流器　voltage sourced converter；VSC

由可关断半导体器件实现换流功能，储能元件为电容器的换流器。

3.7

模块化多电平换流器　modular multi-level converter；MMC

每个 VSC 阀由一定数量的独立单相电压源换流器串联组成的多电平换流器。

［GB/T 30553—2014，定义 3.4.7］

3.8

级联两电平换流器　cascaded two level converter；CTL

在每个开关位置使用多个 IGBT 串联的模块化多电平换流器。

3.9

闭锁状态　blocking state

换流器中所有 IGBT 均被施加关断信号的状态。

3.10

解锁状态　de-blocking state

换流器中有 IGBT 被施加开通信号的状态。

3.11

电压阶跃电平　voltage step level

处于解锁状态的换流器中投切的阀或阀的一部分所引起的电压阶跃变化。

注：对于可控电压源型阀，电压阶跃电平对应投切一个子模块或单元所产生的电压变化。对于开关型阀，电压阶跃电平对应投切整个阀所产生的电压变化。

3.12

VSC 相单元　VSC phase unit

用于将两个直流母线连接到一个交流端子的设备。

注：最简单的配置是由两个 VSC 阀组成 VSC 相单元。在某些情况下由两个 VSC 阀和阀电抗器组成。VSC 相单元也可以包含控制和保护设备以及其他的部件。

［GB/T 30553—2014，定义 3.4.9］

3.13

阀　valve

由电力电子器件及其辅件组成的电气和机械联合体，能实现单向或双向导通。本文件特指各种 VSC 阀和二极管阀。

［DL/T 1193—2012，定义 3.2.5］

3.14

VSC 阀（开关型）　VSC valve（switch type）

IGBT–二极管对串联组成的完整的可控组件，作为 VSC 相单元中单个功能单元同时投切。参见附录 A。

3.15

VSC 阀（可控电压源型） VSC valve（controllable voltage source type）

完整的可控电压源组件，连接 VSC 相单元中一个交流端子和一个直流母线。参见附录 A。

3.16

二极管阀 diode valve

只用二极管作为主要开关器件的半导体阀，可用在一些电压源换流器拓扑中。

3.17

子模块 submodule

由连接成半桥或全桥结构的可控开关和二极管组成的 VSC 阀的一部分，包括储能电容器和其他重要附件。

3.18

单元 cell

模块化多电平换流器的基本组件，其各开关由两个及以上 IGBT–二极管对串联组成。

3.19

VSC 阀级 VSC valve level

VSC 阀的最小独立功能单元。

注 1：对于使用同时投切的串联 IGBT 的 VSC 阀，一个 VSC 阀级是包含附属装置的一个 IGBT–二极管对。

注 2：对于不使用串联 IGBT–二极管对的 VSC 阀，一个 VSC 阀级是一个子模块及其附属装置。

3.20

二极管阀级 diode valve level

由二极管及其辅助电路或辅助元件组成的二极管阀的一部分。

3.21

冗余级 redundant levels

经型式试验证明在运行时可以被外部或内部短路而不影响阀安全运行的 VSC 阀级或二极管阀级的最大数量。若超出，则需要阀停止运行并替换故障的阀级，否则需承受发生故障加大的风险。

［GB/T 30553—2014，定义 3.4.15］

3.22

阀结构 valve structure

固定阀级的物理结构，对地电位有相应的绝缘。

［GB/T 30553—2014，定义 3.4.19］

3.23

阀支架 valve support

具有机械支撑和对地电气绝缘作用的阀结构的一部分。

注：在所有阀设计中，不能明确界定出阀的哪一部分仅单独作为阀支架。

3.24

阀组件 valve section

能够按比例呈现完整阀的电气特性，由多个阀级和其他元件构成的组件。

注：对于可控电压源型阀，阀组件包括 VSC 阀级和属于单元或子模块的直流电容器。

3.25

阀基电子设备 valve base electronics

控制系统与 VSC 阀之间处于地电位的接口电子单元设备。

3.26

连接变压器　interface transformer

将功率在交流系统连接点和一个或多个 VSC 单元之间传输的变压器（如果有）。

［GB/T 30553—2014，定义 3.5.2］

3.27

调制因数　modulation index

调制波形幅值相对于载波幅值的比率。

注 1：调制因数也等于 VSC 相单元交流端输出电压的基频分量峰值相对于 VSC 输电系统直流母线的直流线电压的比率的两倍；

注 2：此外，还有可用于 VSC 换流器调制因数的各种定义。所有这些调制因数表示的是间接量，是从 VSC 换流器的物理性质和运行原理而来的。必须指出，对于特定的应用，任何调制因数及其用法都应明确界定。

［GB/T 30553—2014，定义 3.6.15］

3.28

试验耐受电压　test withstand voltage

标准波形的试验电压值。在规定条件下，当耐受规定的施加次数和持续时间的试验电压时，没有受到损伤的新试品阀不能表现出任何破坏性放电，并符合指定的特殊试验下所有其他的验收标准。

［GB/T 30553—2014，定义 3.10.1］

4　综合要求

4.1　大气修正因数

大气修正因数 k_t 应按 GB/T 16927.1 计算。进行修正的参考条件如下：

a）　气压：

1）　如果 VSC 阀的绝缘配合是按 GB 311.1 中额定耐受电压选择的，若装置安装地点的海拔低于 1000m，则使用标准大气压（101.3kPa），不进行海拔修正；若装置安装地点的海拔超过 1000m，则使用按 GB/T 16927.1 的步骤进行修正，其参考大气压为 1000m 海拔对应的大气压。

2）　如果 VSC 阀的绝缘配合不是按 GB 311.1 中额定耐受电压选择的，则使用按 GB/T 16927.1 的步骤进行海拔修正，参考大气压为标准大气压（101.3kPa）。

b）　温度：设计的最高阀厅空气温度，单位为摄氏度（℃）。

c）　湿度：设计的最低阀厅绝对湿度，单位为克每立方米（g/m^3）。

4.2　冗余的处理

4.2.1　运行试验

对于运行试验，冗余级不应被短路。试验电压需要通过比例系数 k_n 进行调整，见式（1）。

$$k_n = \frac{N_{tut}}{N_t - N_r} \tag{1}$$

式中：

N_{tut}——试品中串联阀级的数量；

N_t——阀中串联阀级的总数；

N_r——阀中串联冗余级的总数。

4.2.2　绝缘试验

对于阀端间的所有绝缘试验，应短路冗余级。

注：短路阀级的分配可能受到设计的限制。例如，一个阀组件中可被短路的阀级数量可能存在上限。

对于阀组件的所有绝缘试验，试验电压需要通过比例系数 k_0 进行调整，见式（2）。

$$k_0 = \frac{N_{tu}}{N_t - N_r} \tag{2}$$

式中：

N_{tu}——试品中没有被短路的串联阀级的数量；

N_t——阀中串联阀级的总数；

N_r——阀中串联冗余级的总数。

5 型式试验

5.1 一般要求

5.1.1 试验项目

柔性直流输电用电压源型换流阀的型式试验包括运行试验和绝缘试验，运行试验项目见表 1，绝缘试验项目见表 2。具体试验内容见对应条款。

表1 运行试验项目

试验项目	试验内容	试验对象
最大持续运行负载试验	5.2	阀或阀组件
最大暂时过负荷运行试验	5.3	阀或阀组件
最小直流电压试验	5.4	阀或阀组件
IGBT 过电流关断试验	5.5	阀或阀组件
短路电流试验	5.6	阀或阀组件
阀抗电磁干扰验证	5.7	阀 [a]
[a] 若协商一致，可对阀组件进行试验。		

表2 绝缘试验项目

试验项目	试验内容	试验对象
阀支架直流电压试验	5.8.3.2	阀支架
阀支架交流电压试验	5.8.3.3	阀支架
阀支架操作冲击试验	5.8.3.4	阀支架
阀支架雷电冲击试验	5.8.3.5	阀支架
阀端间交流—直流电压试验	5.9.3.2	阀 [a]
阀端间操作冲击试验	5.9.3.4	阀 [a]
阀端间雷电冲击试验	5.9.3.5	阀 [a]
[a] 若协商一致，可对阀组件进行试验。		

5.1.2 试验对象

型式试验可根据试验环境在整个阀或阀组件上进行，见表 1、表 2。阀组件中包含的 VSC 阀级或二极管阀级的数量应根据各项试验的要求确定。

被试阀的最小阀级数量由单个阀的阀级数量决定，见表 3。

表 3 型式试验的最少阀级数量与单个阀中阀级数量的关系

单个阀的阀级数量	被试阀的最小阀级总数
1～50	一个阀中阀级的数量
51～250	50
≥251	20%

通常，建议在所有型式试验中使用同一个阀组件。在特定情况下，可以使用多个不同的阀组件同时开展不同的试验，以加快试验执行过程。

在型式试验开始之前，阀、阀组件和/或它们的元件都应证明通过了出厂试验，以确保制造是正确的。

注：本节不适用于阀支架结构的绝缘试验，具体试验对象在 5.8 中另有规定。

5.1.3 试验顺序

为了确认阀端间绝缘没有被换流器运行过程中的快速重复开关应力所破坏，阀端间交流—直流电压试验及局部放电测量需在运行试验之后进行。其他型式试验可按任意顺序进行。

注：对于“可控电压源”型阀，若协商一致，可将阀端间交流—直流电压试验放在运行试验之前进行。

5.1.4 试验步骤

在适用的条件下，试验应按 GB/T 16927.1 和 GB/T 16927.2 执行。

5.1.5 试验环境温度

试验应在试验设备正常的环境温度下进行，另有规定的除外。

5.1.6 试验频率

交流绝缘试验可在 50Hz 或 60Hz 下进行。

运行试验对频率的具体要求在相关条款中给出。

5.1.7 确定型式试验参数需要考虑的条件

型式试验参数应根据系统研究，基于阀承受的最恶劣运行工况和故障工况确定。

5.1.8 通过型式试验的判据

5.1.8.1 概述

已有的应用经验表明，即使再仔细地设计阀，也不能避免运行中阀级部件的偶然随机故障。尽管这些故障可能与应力有关，考虑到故障的起因或故障率与应力的关系不能被预测或服从精确数量关系，这些故障可以被认为是随机的。型式试验使阀或阀组件在短期内承受多重应力，这些应力体现了阀的整个寿命期间内可能遭受的为数不多的几次最严重应力。考虑到上述方面，下文制定的型式试验成功判据允许型式试验中有少量的阀级故障，前提是这种故障极少且不明显表明任何设计缺陷。

5.1.8.2 阀级适用的判据

对于表 1 和表 2 所列出的任一型式试验项目，当一个（当阀级数量较多时，作为替代可按被试阀级数量的 1%）以上的阀级发生短路，则认为该阀未通过型式试验。

若下面的型式试验中，有一个阀级（或更多阀级，若仍在 1%限制之内）发生短路，应当修复故障阀级并重做该型式试验。

若型式试验期间，发生短路的阀级数量累计大于被试阀级数量的 3%，则认为该阀未通过型式试验。

每次型式试验后应检查阀或阀组件中是否有阀级发生短路。进一步型式试验前，可以更换型式试验中或型式试验后发现的故障 IGBT/二极管或辅助元件。

完成试验过程后，应对阀或阀组件进行一系列的检查试验，至少包括以下几项：

a） 阀级耐受电压；

b） 门极电路；

c） 监测电路；

d） 所有与阀形成整体的保护电路；

e） 均压电路。

检查试验期间发生的阀级短路故障次数应作为成功判据中累积故障数的一部分计算。除了发生短路故障的阀级，在型式试验过程中及随后的检查试验中发生的未造成阀级短路后果的故障阀级总数，也不得超过绝缘试验和运行试验两者最小被试阀级总数的 3%。若这种故障的阀级总数超过 3%，对故障的性质及其成因需进行复查并采取措施。

允许的短路类型故障阀级最大数量和非短路类型故障阀级最大数量参见表 4 执行。

表 4　型式试验中允许的故障阀级最大数量

被试阀级的数量	单项型式试验中允许的短路类型的故障阀级数量	全部型式试验中允许的短路类型的故障阀级数量	全部型式试验中允许的非短路类型的故障阀级数量
33 及以下	1	1	1
34～67	1	2	2
68～100	1	3	3

全部型式试验完成后，短路类型故障阀级和非短路类型故障阀级的分布应是基本上随机的，且不能表明任何设计缺陷。

5.1.8.3 整体阀适用的判据

在试验中阀的外部闪络，阀冷却系统的损坏以及触发脉冲传输和分配系统的任何绝缘材料的击穿都是不允许的。

任何元件、导体及其接头的温度，附近物体的表面温度都不能超过设计允许值。

5.1.9 试验报告

型式试验完成后，应当按 5.10 的要求提供型式试验报告。

5.2 最大持续运行负载试验

5.2.1 试验目的

试验目的是检验在运行状态下以及在最严格重复性应力作用的开通和关断状态下单个阀体中 VSC/

二极管阀级及相关的电子电路是否能承受相应的电流、电压和温度应力。

5.2.2 试验对象

试验可在整个阀或阀组件上进行。选择主要取决于阀的设计和试验使用的设备。本标准规定的试验对包括五个及以上串联 VSC/二极管阀级的阀组件有效。如果准备进行少于五个阀级的试验，就要确定附加试验安全系数。任何情况下都不允许试验所用的串联级数低于 3。

试验用的阀或阀组件应与全部的辅助部件组装在一起。若有要求，还应包括一个适当比例的阀避雷器。此避雷器应与试验中串联级数成比例，以提供至少与实际应用避雷器最大特性相一致的保护水平。

冷却剂应处于代表运行状态的条件下。特别是流量和温度，应设置为试验所考虑的最不利的值，以保证相应元件的温度与实际工作中的温度相符。

5.2.3 试验电路

对于内部包含了直流电容器的可控电压源型阀，直流电容器及其与半导体器件的接线构成整体试验对象的一部分。

对于开关型阀，直流电容器与阀是分开的，直流电容器需要在试验电路中进行合适的摆放。特别地，试验中直流电容器与阀之间接线的漏电感以及阀组件内部的杂散电感要被正确再现。试验电路的接线应代表换流器采用的典型接线方式。

5.2.4 试验要求

试验需要再现下列基于最不利运行条件的换流器参数。可能需要多项试验以再现所有的参数且达到最大值。

对于 VSC 阀，包括：

a） 最大持续 IGBT 结温；

b） 最大持续续流二极管结温；

c） 最大持续吸收电路元件（如有）温度；

d） 最大持续开通（或关断）电压和电流。

对于二极管阀，包括：

a） 最大持续二极管结温；

b） 最大持续吸收电路元件（如有）温度；

c） 最大持续二极管关断电压、电流。

所有这些参数都需要在最大持续运行负载试验中得以再现。也可在分项试验和组合试验中得以再现。

试验中应对选定的元件表面温度进行测量，以证明：

a） 换流阀或阀组件能在最恶劣运行条件下正常运行，不引起可关断半导体器件和其他相关附属元件的损坏或劣化；

b） 换流阀或阀组件最重要的发热元件的温升不超过规定的极限范围，并且没有任何元件或材料能经受过高的温度；

c） 换流阀或阀组件在周期性开通（或关断）电流和电压冲击下的性能良好。

试验电压应基于最大持续正向电压，试验开关频率应基于最大持续开关频率，同时调制因数应选择实际运行中的典型值。冷却剂温度不低于对应实际运行中产生最高稳态 IGBT 及/或二极管结温的工况。

试验电流有效值应乘以 1.05 的试验安全系数。

对应于最大持续运行直流电压的试验电压 U_{tpv1}，按式（3）计算。

$$U_{tpv1} = U_{dmax} \times k_n \times k_1 \tag{3}$$

式中：

U_{dmax}——最大持续运行直流电压，包括纹波电压；

k_n——试验比例系数，按 4.2.1 规定；

k_1——试验安全系数，k_1=1.05。

在出口冷却剂温度达到稳定后，试验的持续时间应保证不低于 30min。

5.3 最大暂时过负荷运行试验

5.3.1 试验目的

试验目的是检验在最大暂时过负荷运行条件下开通和关断过程中单个阀体中 VSC 阀级或二极管阀级以及相关电子电路承受电流、电压和温度应力的能力。

5.3.2 试验对象

参见 5.2.2。

5.3.3 试验电路

参见 5.2.3。

5.3.4 试验要求

如果阀存在暂时过负荷运行工况的要求，则要进行最大暂时过负荷运行试验。

试验条件的确定方法参见 5.2。

在 5.2 阐述的试验中，阀或阀组件需要达到热平衡。在这个初始试验条件具备之后暂时过负荷运行试验开始，并且试验持续时间为暂时过负荷持续时间的 1.2 倍。

在暂时过负荷运行试验之后，需要再进行 10min 持续运行负载试验。

5.4 最小直流电压试验

5.4.1 试验目的

试验目的是检验单个阀体中 VSC/二极管阀级以及相关电子电路在最小直流电压运行工况下的正常工作能力。

5.4.2 试验对象

参见 5.2.2。

5.4.3 试验电路

参见 5.2.3。

5.4.4 试验要求

本试验通过在阀或阀组件端子之间施加最小直流电压，证明获得能量的阀电子电路能够保证阀的正常工作。

在阀（或阀组件）处于解锁或者闭锁状态时，监测阀电子电路的回报信号来验证阀电子电路是否工作正常。

试验电压 U_{min}，按式（4）计算。

$$U_{min}=\frac{N_{tut}}{N_t}\cdot U_W\cdot k_2 \qquad (4)$$

式中：

N_{tut}——试品中串联阀级的数量；

N_t——单个阀中串联阀级的总数，包括冗余；

U_W——在阀电子电路正常工作条件下保证单个阀正常工作的最小直流电压；

k_2——试验安全系数，k_2=0.95。

5.5 IGBT 过电流关断试验

5.5.1 试验目的

试验目的是检验在发生特定短路故障或误触发条件下换流阀承受关断电流和电压应力的能力，尤其是 IGBT 及其相关电路。

5.5.2 试验对象

参见 5.2.2，此外还应包括过电流监测所需的具体保护或监测电路。

5.5.3 试验要求

试验应再现最严重的电压应力及瞬时结温，并基于监测保护电路最不利的工况。

最严重的情况取决于阀的设计，包括但不限于以下情况：

a） 交流端对地短路；

b） 交流端相间短路；

c） 同一相单元中另一个阀的短路或误触发。

对于试验电路、直流电容、回路电抗等总体要求见 5.2.3。

首先使 IGBT 相关元件达到最高稳态结温并进入热平衡，然后启动过电流试验。通过监测过电流，在最大安全关断电流限值以下关断 IGBT。

试验电压 U_{tpv2} 对应于最大暂时直流过电压，按式（5）计算。

$$U_{tpv2}=U_{dtemp}\cdot k_n\cdot k_3 \qquad (5)$$

式中：

U_{dtemp}——最大暂时直流过电压，包括纹波电压；

k_n——试验比例系数，参见 4.2.1；

k_3——试验安全系数，k_3=1.05。

从检测出过电流到IGBT关断时刻之间的试验电流波形应符合实际运行工况，尤其是电流上升率 di/dt。

5.6 短路电流试验

5.6.1 试验目的

试验目的是在特定短路工况下，如直流侧短路故障，直到控制和保护电路切断故障电流之前，检验装置尤其是二极管和辅助电路的设计是否合理。换流阀的充电过程也应考虑。

5.6.2 试验对象

参见 5.2.2。

5.6.3 试验要求

试验首先使试品进入热平衡并使相关半导体元件达到最高稳态结温，然后启动故障电流事件。

故障电流的幅值、持续时间和周波数应是实际运行中预期的最大值。电流不附加试验安全系数。

如果在短路电流持续期间试验对象承受恢复电压，在试验中应复现该恢复电压，包括换相过冲（如有）。恢复电压附加的试验安全系数为1.05。

5.7 阀抗电磁干扰验证

5.7.1 验证目的

目的是验证阀抵抗从阀内部产生的或外部强加的瞬时电压和电流引起的电磁干扰（或电磁骚扰）的能力。阀对电磁干扰敏感的元件一般是用于阀级控制、保护和监测的电子电路。

通常，阀的抗电磁干扰能力可通过在阀的其他型式试验中监测其运行状态来验证。其中最重要的是：最大持续运行负载试验（见5.2）、最大暂时过负荷运行试验（见5.3）、IGBT过电流关断试验（见5.5）和阀端间冲击试验（见5.9）。

5.7.2 验证对象

通常，验证对象是已通过其他试验的阀或阀组件。

5.7.3 验证方法

5.7.3.1 方法1

使用验证装置的一部分直接模拟电磁干扰源。这样的验证方案要求有两个及以上阀或阀组件，以检查它们之间的相互影响。电磁干扰源相对于被试阀的几何布置，应尽可能接近实际运行布置（或在电磁干扰上更加严重）。电磁干扰试验对象的电子电路应带电，包括阀基电子设备中与电磁干扰验证对象进行有序信息交换的相关部件。

5.7.3.2 方法2

首先通过理论计算或测量确定最不利运行工况下的电磁场强度。然后，通过试验电路在各频率点产生与预期相比至少同样严重的电磁辐射。阀组件则暴露于产生的电磁场中。

方法2的基本前提是确定阀关键位置的动态场强与方向。这可在单个阀触发试验期间用探测线圈测量获得；或者可通过三维场建模程序预测。然后，用一个独立的场线圈产生至少与预测值同样严重的场强、频谱和方向，并对阀组件进行验证。

被验证的阀组件应满足下列条件：

a） 阀组件端子间应有运行电压（按比例），并且在场线圈加电时是正向偏压；
b） 阀组件的电子电路在验证时应加电；
c） 阀组件应包括阀基电子设备中与阀组件正确交换信息所必需的部分。

5.7.3.3 验收标准

应验证满足下列条件：

a） 不可发生IGBT误触发或导通顺序混乱；
b） 阀上安装的电子保护电路无误动或无拒动；
c） 不可发生阀级故障的错误指示，不可因为阀监测电路收到错误信息而将错误信号通过阀基电子设备送到换流器控制保护系统。

注：对于本标准，阀抗电磁干扰验证仅适用于 VSC 阀和连接阀与地的信号传输系统部分，不适用于地电位设备抗电磁干扰能力的验证和作为其他设备电磁干扰源的阀特性的验证。

5.8 阀支架结构的绝缘试验

5.8.1 试验目的

a） 检验阀支架、冷却水管、光导的绝缘和其他同阀支架相关的绝缘部件的耐受电压能力。如果除了阀支架外，有其他对地绝缘，还应进行必要的附加试验；

b） 验证局部放电的起始电压和熄灭电压高于阀支架上出现的最大运行电压。

注：根据应用情况，可以省略某些阀支架试验。

5.8.2 试验对象

试品可采用一个有代表性的独立阀支架结构，并合理体现阀的临近部分。阀支架结构应包含阀支架、光纤通道、冷却水管及其他相关辅助部件。同时，在阀支架结构周围应采取措施以正确体现邻近地电位面的影响。

此外，冷却介质应处于具有代表性的最严苛的运行条件。

如果一个单阀包含一个以上的阀支架结构，那么试验应以所有阀支架结构承受的最严重应力为准。

5.8.3 试验要求

5.8.3.1 一般原则

下面给出的所有试验电压都要进行 4.1 描述的大气修正。

5.8.3.2 阀支架直流电压试验

直流试验电压施加在阀的两个主端子（连接在一起）与公共地之间。从不超过规定的 1min 试验电压的 50%开始，电压在大约 10s 内升至规定的 1min 试验电压，保持 1min 恒定，再降至规定的 3h 试验电压，保持 3h 恒定，然后降到零。在规定的 3h 试验的最后 1h，超过 300pC 的局部放电数目，应按 GB/T 20990.1—2007 附录 B 的规定记录。

整个记录期间，300pC 以上的脉冲数目平均每分钟不超过 15 次；500pC 以上的脉冲每分钟不超过 7 次；1000pC 以上的脉冲每分钟不超过 3 次；2000pC 以上的脉冲每分钟不超过 1 次。

注：若观察到局部放电的数量或等级有增加的趋势，可以延长试验时间。

此后，用相反极性电压重复上述试验。

在试验之前，阀支架应短路并接地最少 2h。

阀支架直流试验电压 U_{tds} 按式（6）计算。

$$U_{tds}=\pm U_{dmS}\times k_4\times k_t \tag{6}$$

式中：

U_{dmS}——阀支架稳态运行电压直流分量的最大值；

k_4——试验安全系数，1min 试验，k_4=1.6，3h 试验，k_4=1.1；

k_t——大气修正因数，1min 试验，k_t 按 4.1 取值，3h 试验，k_t=1.0。

5.8.3.3 阀支架交流电压试验

交流试验电压施加在阀的两个主端子（连接在一起）与公共地之间。从不超过规定的 1min 试验电压的50%开始，电压在大约10s内升至规定的1min试验电压 U_{tas1}，保持1min恒定，再降至规定的30min试验电压 U_{tas2}，保持30min后降到零。在规定的30min试验的最后1min，应监测和记录局部放电的水平。若局部放电值低于200pC，此设计可完全接受。若局部放电值超过了200pC，需要评估试验结果。

阀支架交流试验电压 U_{tas} 的均方根值，按式（7）计算。

$$U_{tas}=\frac{U_{mS}}{\sqrt{2}}\times k_5\times k_t\times k_r \tag{7}$$

式中：

U_{tas1}——1min试验电压；

U_{tas2}——30min试验电压；

U_{mS}——稳态运行期间，阀支架最大重复运行电压的峰值，包括投切过冲；

k_5——试验安全系数，1min试验，k_5=1.3，30min试验，k_5=1.15；

k_t——大气修正因数，1min试验，k_t按照4.1取值，30min试验，k_t=1.0；

k_r——暂时过电压系数，1min试验，k_r数值由系统分析确定，30min试验，k_r=1.0。

5.8.3.4 阀支架操作冲击试验

在阀的两个主端子（连接在一起）与公共地之间分别施加3次正极性和3次负极性操作冲击电压。

采用GB/T 16927.1规定的操作冲击电压波形。

试验电压应根据VSC换流站的绝缘配合要求选取。

5.8.3.5 阀支架雷电冲击试验

在阀的两个主端子（连接在一起）与公共地之间分别施加3次正极性和3次负极性雷电冲击电压。

采用GB/T 16927.1规定的雷电冲击电压波形。

试验电压应根据VSC换流站的绝缘配合要求选取。

5.9 阀端间的绝缘试验

5.9.1 试验目的

试验目的是验证阀电压特性的相关设计，即能否耐受各种类型过电压（直流、交流、操作冲击和雷电冲击过电压）。试验应证明：

a） 阀能耐受规定的过电压；

b） 在规定的试验条件下局部放电水平在允许范围内；

c） 内部均压电路无过负荷；

d） 阀电子电路工作正常。

5.9.2 试验对象

试品一般是一个完整的阀，也可是单独的阀组件，只要证明阀组件在试验条件下的电压分布可代表实际运行中一个完整的阀的电压分布。试品阀或阀组件应装配除阀避雷器以外的所有辅助元件。

所有的冲击试验，除另有要求的，阀电子设备都应带电。

如果试品是阀组件，被试阀组件的最少阀级数量应通过协商确定。在这种情况下，一个完整的阀的不同部分之间的绝缘需要进行额外的试验。

除了流量可以降低外，冷却条件需再现实际运行条件。试验应包含（或者模拟）用于恰当再现部分实际应力所需的额外设备（或物品）。在被试阀周围应适当安装接地平面，其布置由实际阀厅中与之邻近的阀和地电位平面的相对位置来决定。

用于阀绝缘试验的试品通常不允许对规定试验电压施加大气修正以避免内部元件承受超限的应力。因此，任何阀端间的绝缘试验都不使用大气修正因数，并应证明大气情况对阀内部耐受能力的影响是可接受的。

5.9.3 试验要求

5.9.3.1 一般原则

阀端间的绝缘试验基于高压交流系统和设备所采用的标准波形和标准试验流程。这样可以很方便地将许多现有的高压试验技术直接应用于柔性直流输电用电压源型换流阀的检测。另外，应认识到柔性直流输电的特殊性可能导致实际波形不同于标准试验波形，这种情况下，要对试验进行修正以尽可能再现实际运行条件。

5.9.3.2 阀端间交流—直流电压试验

本试验包括一项短时试验和一项长时试验。短时试验应能再现特定的换流器故障或系统故障导致的复合交流—直流电压。

最严重的工况取决于阀的设计，需要考虑的工况包括但不限于：

a） 交流端对地短路；

b） 交流端相间短路；

c） 交流端开路；

d） 交流系统甩负荷；

e） 桥臂直通或在同一相单元中另一个阀的误触发；

f） 直流极接地故障。

试验时，同时使用交流电源和电容器以产生复合交流—直流电压波形。取决于换流器的拓扑结构，电容器可集成为阀的一部分，也可是独立的。也可使用直流电压源代替电容器。

从不大于最大试验电压的50%开始升压，尽快将试验电压升至规定的10s试验电压，然后降至30min试验电压，保持30min恒定，之后降为零。

在30min试验的最后1min记录到的局部放电值不能超过200pC，前提是阀内部局部放电敏感元件已被单独试验。超过300pC的局部放电脉冲，记录期间平均每分钟最多15个；超过500pC的局部放电脉冲，每分钟最多7个；超过1000pC的局部放电脉冲，每分钟最多3个；超过2000pC的局部放电脉冲，每分钟最多1个。

注1：若观察到局部放电的幅值或者频率有增加的趋势，可以延长试验时间。

注2：为避免干扰局部放电测量，如门极电源电路产生的干扰，试验中有必要屏蔽门极电路及其他辅助电路。

阀试验电压是叠加直流电压的正弦波。

10s试验电压 U_{tv1} 按式（8）计算。

$$U_{tv1}=\{U_{tac1}\cdot\sin 2\pi ft+U_{tdc1}\}\cdot k_0\cdot k_6 \tag{8}$$

式中：

U_{tac1}——阀端间最大暂态过电压交流分量的峰值，考虑实际运行工况下阀避雷器（如有）或极避雷器（如有）的作用；

U_{tdc1}——阀端间最大暂态过电压直流分量的最大值，考虑实际运行工况下阀避雷器（如有）或极避雷器（如有）的作用；

f——试验频率（50Hz或60Hz）；

k_0——试验比例系数，参见4.2.2；

k_6——试验安全系数，k_6=1.10。

30min 试验电压 U_{tv2} 按式（9）计算。

$$U_{tv2} = U_{tac2} + U_{tdc2}$$
$$U_{tac2} = \frac{\sqrt{2} \cdot U_{max\text{-}cont} \cdot \sin(2\pi ft)}{\sqrt{3}} \cdot k_0 \cdot k_7 \tag{9}$$
$$U_{tdc2} = U_{dmax} \cdot k_0 \cdot k_7$$

式中：

$U_{max\text{-}cont}$——连接变压器的阀侧最大稳态线电压或交流系统最大稳态线电压，取决于交流系统和换流器之间是否使用连接变压器；

U_{dmax}——直流系统稳态运行电压的直流分量最大值；

f——试验频率（50Hz 或 60Hz）；

k_0——试验比例系数，参见 4.2.2；

k_7——试验安全系数，k_7=1.10。

注：试验中使用电容器替代直流源可导致试验电压比实际值偏高。

5.9.3.3 阀端间冲击试验的一般说明

拥有内置直流电容器的可控电压源型阀不会承受对其电气性能具有决定作用的冲击电压，可以不进行阀端间冲击试验。

在一些应用中，如直流侧没有架空线路，并且阀侧交流母线被充分保护而不会遭受来自交流侧的直击雷，可根据系统绝缘配合研究结果决定是否进行冲击试验。

冲击试验仅施加一种极性的电压，与阀耐受电压极性一致。

如果阀端间冲击耐压水平不高于阀端间交流—直流电压试验水平，则认为阀端间交流—直流电压试验覆盖了阀端间冲击试验。此时，阀端间冲击试验可以省略。

5.9.3.4 阀端间操作冲击试验

采用 GB/T 16927.1 规定的标准操作冲击电压波形。

在阀上施加 3 次规定幅值的操作冲击电压。阀应耐受试验电压且不发生误动作或绝缘击穿。

阀端间操作冲击试验耐受电压 U_{tsv} 按式（10）、式（11）计算。

a） 带阀避雷器保护的阀：

$$U_{tsv} = SIPL_v \cdot k_0 \cdot k_8 \tag{10}$$

式中：

$SIPL_v$——阀避雷器的操作冲击保护水平；

k_0——试验比例系数，参见 4.2.2；

k_8——试验安全系数，k_8=1.10。

b） 无阀避雷器保护的阀：

$$U_{tsv} = U_{cms} \cdot k_0 \cdot k_9 \tag{11}$$

式中：

U_{cms}——通过系统绝缘配合研究确定的预期操作冲击电压；

k_0——试验比例系数，参见 4.2.2；

k_9——试验安全系数，k_9=1.15。

5.9.3.5 阀端间雷电冲击试验

采用 GB/T 16927.1 规定的标准雷电冲击电压波形。

在阀上施加3次规定幅值的雷电冲击电压。阀应耐受试验电压且不发生误动作或绝缘击穿。

阀端间雷电冲击试验耐受电压 U_{tlv} 按式（12）、式（13）计算。

a） 带阀避雷器保护的阀：

$$U_{tlv} = LIPL_{v} \cdot k_{0} \cdot k_{10} \tag{12}$$

式中：

$LIPL_{v}$——阀避雷器的雷电冲击保护水平；

k_{0}——试验比例系数，参见4.2.2；

k_{10}——试验安全系数，k_{10}=1.10。

b） 无阀避雷器保护的阀：

$$U_{tlv} = U_{cml} \cdot k_{0} \cdot k_{11} \tag{13}$$

式中：

U_{cml}——通过系统绝缘配合研究确定的预期雷电冲击电压；

k_{0}——试验比例系数，参见4.2.2；

k_{11}——试验安全系数，k_{11}=1.15。

5.10 型式试验报告

试验报告应按GB/T 27025规定的原则编写，主要包括以下内容：

a） 实验室的名称和地址，以及试验执行的地点；

b） 委托方的名称和地址；

c） 试品的清晰完整标识，包括型号、额定值、序列号和其他用于识别试品的信息；

d） 试验数据；

e） 试验电路和试验过程的描述；

f） 规范性引用文件，以及执行偏差；

g） 测量设备和测量不确定度；

h） 以表格、图片、示波图和照片的形式保存下来的试验结果；

i） 设备或元件的故障记录。

6 出厂试验

6.1 试验目的

出厂试验的目的是检验是否按要求进行生产制造，主要包括：

a） 用于阀的所有元件和部件的安装符合设计要求；

b） 阀设备功能正常，预设参数未超限；

c） 阀组件和阀级（视情况而定）的绝缘性能足够；

d） 产品的一致性和均匀性满足设计要求。

6.2 试验对象

所有用于工程的阀组件或部件都应通过出厂试验。取决于设计的不同和试验设备的便利，出厂试验可在整个阀组件或单个阀级进行。

6.3 试验项目

出厂试验项目包括：

a） 外观检查；
b） 接线检查；
c） 均压电路检查；
d） 控制、保护和监测电路检查；
e） 压力检查；
f） 直流耐压试验；
g） 开通和关断试验；
h） 局部放电试验。

6.4 试验要求

出厂试验涵盖阀、阀组件，以及用于阀或阀组件保护、控制和监测的辅助电路的元件装配试验。试验不涉及阀、阀支架或阀结构使用的单个元件试验。

出厂试验需要考虑阀及其元件的设计特性、元件在组装前的试验程度，以及特殊的制造工艺和技术。

出厂试验的基本试验内容见 6.5。其中，试验项目列出的顺序不代表其重要性或强制执行顺序。

注：在一些情况下，例如生产过程发生变化时，除了出厂试验，还需在完整的组件上进行产品的抽样试验。试验的内容需要具体问题具体分析。

6.5 试验内容

6.5.1 外观检查

检查所有材料和元件应没有损坏，并按照最新生产工艺文件正确安装。

6.5.2 接线检查

检查所有主回路接线应正确、牢固。

6.5.3 均压电路检查

检查均压电路参数应满足要求。当施加直流和冲击电压时，应确保串联阀级电压分布正确。

6.5.4 控制、保护和监测电路检查

检查构成阀整体的所有控制、保护或监测电路的功能，如 IGBT 门极驱动电路和所有本地保护和监测电路。

如有必要进行熔断保护的型式试验和有效性试验，应单独指定。

6.5.5 压力试验

检查冷却水路应无渗漏。

6.5.6 直流耐压试验

检查阀元件应耐受规定的最大电压值。

6.5.7 开通和关断试验

检查每个阀级内部的 IGBT 应能够按照指令正确开通和关断。

6.5.8 局部放电试验

为了验证制造是否正确，对于开关型 VSC 阀需进行局部放电试验，对于可控电压源型 VSC 阀，可仅对设计中重要的元件和部件进行局部放电试验。

7 现场交接试验

7.1 试验目的

现场交接试验的目的是检验是否具备投运条件，具体包括：

a） 阀组件或阀级在运输过程中无部件损坏或松动；

b） 水冷系统满足投运要求；

c） 阀支架的绝缘能力满足要求；

d） 换流阀与阀基电子设备的通信正常。

7.2 试验对象

所有的阀组件或部件都应通过现场交接试验。

7.3 试验项目

现场交接试验项目包括：

a） 外观检查；

b） 接线检查；

c） 压力试验；

d） 阀支架绝缘试验；

e） 光纤损耗测量；

f） 阀级功能试验。

7.4 试验要求

现场交接试验要考虑阀及其元件的设计特性、元件在组装前的试验程度，以及特殊的安装工艺和技术。现场交接试验的基本试验内容见 7.5。其中，试验项目列出的顺序不代表其重要性或强制执行顺序。

7.5 试验内容

7.5.1 外观检查

检查换流阀所有元件或部件无损坏或无松动。

7.5.2 接线检查

检查所有主回路接线应正确、牢固。

7.5.3 压力试验

检查冷却水路应无渗漏。

7.5.4 阀支架绝缘试验

验证阀支架对交流和/或直流电压的绝缘性能。

7.5.5 光纤损耗测量

验证光纤损耗满足设计要求。

7.5.6 阀级功能试验

阀级功能试验用于检查阀级的基本功能是否正常，具体包括：

a） 阀级内部电子电路工作正常；

b） 阀级内部的 IGBT 能按照指令正确开通和关断；

c） 阀级旁路开关能按照指令正确动作；

d） 阀级与阀基电子设备之间的通信正常。

附 录 A
（资料性附录）
电压源换流器拓扑综述

A.1 总则

柔性直流输电用电压源型换流阀（VSC 阀）存在不同的技术实现途径，并且未来可能出现更多新的电路拓扑。

本附录简要概述 VSC 阀的主要类型，且仅限于其对阀试验准则的影响。

本附录将对已知的主要换流器技术进行综述。

A.2 电压源换流器基础

电压源换流器都是旨在将直流电容器的电压在交流端子处转换为接近正弦波的电压。但是，实际上电压源换流器的输出电压不是理想的正弦电压而是一些离散的阶梯形电平，或称之为电压级。此处所谓级是指输出离散电压阶梯的级，不能与 VSC 阀级相混淆，后者是指一个单独的 IGBT 和相关元件构成的整体。

对于电力系统，一般使用的是三相换流器，但考虑到换流器的输出电压级的数量，通常将换流器每个相单元单独考虑。输出电压级的数量是指一个相单元的对地输出电压（相电压）可以包含的离散状态的数量（VSC 相单元及其理想输出电压见图 A.1）。需要特别指出的是，n 级换流器的线电压值可能有（$2n$–1）种。

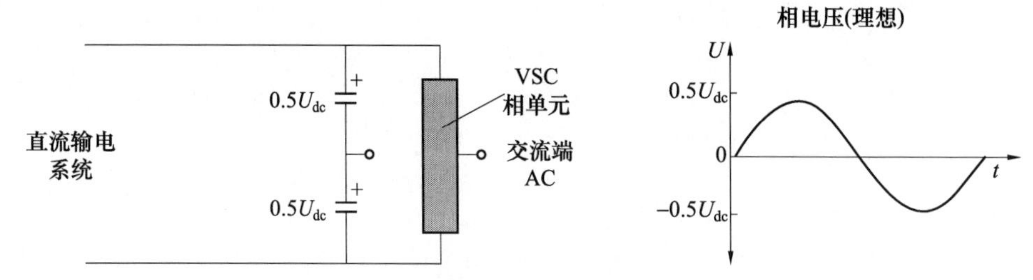

图 A.1 VSC 相单元及其理想输出电压

两电平换流器采用了最简单的电压源换流器拓扑，其每相桥臂的交流输出电压（相对于直流电容器中点，中点一般接地）只有两种可能的状态：$0.5U_{dc}$ 和 $-0.5U_{dc}$。

如果该桥臂的 VSC 阀仅按照基频开通和关断，则输出的交流电压波形和标准正弦波相差很远，根本无法达到电力系统的要求。

然而，如果使用脉宽调制（pulse width modulation，PWM）技术，同时阀在每个基频周期执行多次开通或关断，则经过滤波后可得到非常接近标准正弦的输出电压，两电平换流器 VSC 相单元输出电压波形见图 A.2。

脉宽调制是电机驱动领域比较完善的换流器技术，但缺点是开关损耗较大。

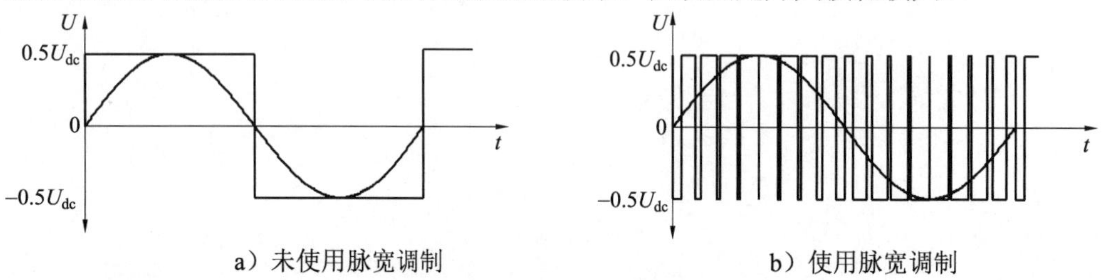

图 A.2 两电平换流器 VSC 相单元输出电压波形

另外一种方式是使用更加复杂的换流器拓扑输出更多的电平——多电平换流器。虽然三电平换流器和五电平换流器已有多种拓扑，但是应用于电力系统时仍需 PWM 以降低谐波。

然而，一些能够产生高输出电平数的换流器拓扑的问世使得即使不使用 PWM，输出电压波形仍高度接近正弦，从而无须或仅须少量滤波装置。图 A.3 给出了一个 15 电平换流器 VSC 相单元的输出电压波形，可知已经非常接近正弦。实际应用中，高压直流输电领域使用的电平数一般在 15 以上。

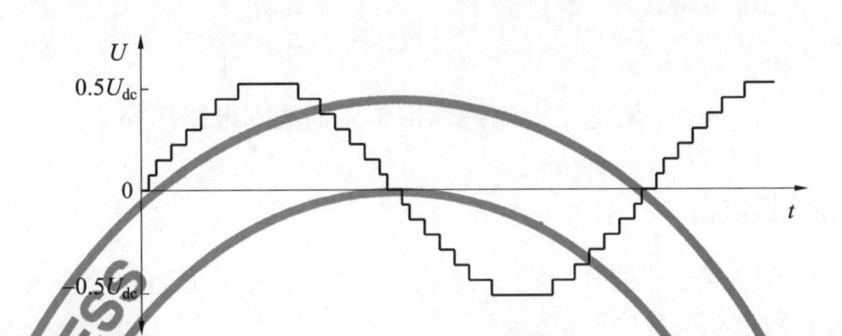

图 A.3　15 电平换流器 VSC 相单元的输出电压波形（未使用 PWM）

A.3　VSC 阀的主要类型综述

传统的晶闸管阀的总体设计已经相对成熟。相反地，VSC 阀仍处于技术发展的早期阶段，多种形式共存。

已有商用或文献记载的 VSC 阀可分为两个基本类型：

a） 开关型 VSC 阀。就像对应的晶闸管阀，这些阀仅用作可控开关，仅有开通和关断两种工作状态。在基于该拓扑的换流器中，直流电容器与阀完全分离并单独进行试验。

b） 可控电压源型 VSC 阀，对该类阀，直流电容器与阀形成一个整体，不能单独分离出来进行试验。

取决于阀属于上述两种类型中的哪一类，其型式试验项目的执行方式完全不同。

有文献介绍了混合型 VSC 阀，这种阀兼有开关型阀和可控电压源型阀两者的特点，本文件不再详细介绍其换流器拓扑。

A.4　开关型 VSC 阀

A.4.1　概述

这种类型的 VSC 阀包含了大量同时投切的串联 IGBT 器件，使其外观与传统的晶闸管阀比较接近。与传统的晶闸管阀类似，其关键是同时投切串联 IGBT。这种类型的阀通常用在输出电平数相对较少的换流器中。

这类换流器通常使用脉宽调制技术补偿输出电平数的不足以更好地逼近正弦电压波形。

下文将详细介绍使用这类 VSC 阀的常见换流器拓扑。

A.4.2　两电平换流器

作为最简单的电压源换流器，其每个相单元只包含两个串联的 VSC 阀和一个公共交流端子。两个阀交替投切，使任一时刻有且仅有一个阀导通（实际使用中，通常在两个阀的不同导通阶段之间设置一个微小的死区时间）。

该换流器的电路拓扑非常简单，其单相单元的基本电路拓扑见图 A.4，因此无须过多解释。当 V1 导通时，交流端子 AC 与上部直流端子相连，并输出 $0.5U_{dc}$ 电压。当 V2 导通时，交流端子 AC 与下部直流端子相连，输出 $-0.5U_{dc}$ 电压。

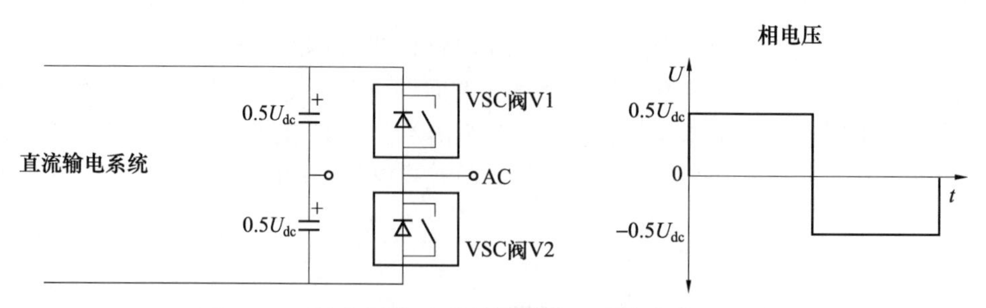

图 A.4　两电平换流器单相单元的基本电路拓扑

A.4.3　多电平二极管箝位换流器

在这类换流器中，直流电容器被细分为串联连接的多段，各相单元包含至少 3 个 IGBT 阀，并用二极管阀连接直流电容器和相单元的各中间点。

在最简单的三电平换流器电路中（见图 A.5），每个相单元由 4 个独立的 VSC 阀串联组成。直流电容器被细分成两个串联的单元（与两电平换流器相同）。交流端子与 V2 和 V3 之间的端子连接，相单元 0.25 和 0.75 点（分别位于阀 V1/V2 和阀 V3/V4 之间）经过二极管阀与直流电容器的中点连接。

在这种换流器中，单个相单元有 3 种可能的输出状态：

a）　当阀 V1 和阀 V2 导通时，交流端子 AC 与上部直流端子连接，输出 0.5U_{dc} 电压；
b）　当阀 V3 和阀 V4 导通时，交流端子 AC 与下部直流端子连接，输出−0.5U_{dc} 电压；
c）　当阀 V2 和阀 V3 导通时，交流输出电压通过二极管阀被箝位为直流中性点电压。

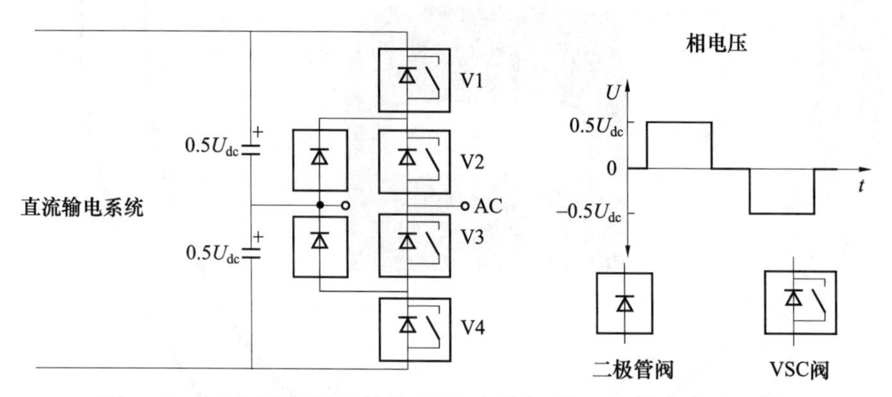

图 A.5　三电平二极管箝位换流器单相单元的基本电路拓扑

通过进一步细分直流电容器及使用更多 VSC 阀和二极管阀，同样的原理可以扩展至具有更多电平数的情况，在五电平换流器中，直流电容器被细分成 4 段不连续的部分，包含了 8 个 VSC 阀和 6 个二极管阀（见图 A.6）。在这种电路中，4 组相邻的阀被同时投切，如 V1、V2、V3 和 V4 导通输出 0.5U_{dc} 电压，V2、V3、V4 和 V5 导通输出 0.25U_{dc} 电压，以此类推。

可以看出，随着输出电平数量的增加，电路的复杂程度增加的更快。事实上更糟糕的是，随着输出电平数量的增加，不仅二极管阀的数量而且二极管阀的额定电压都迅速增加。

A.4.4　多电平飞跨电容换流器

多电平飞跨电容换流器通过不同方法实现了与二极管箝位换流器相同的效果。这种电路不是采用二极管阀将输出电压箝位至直流电容器不同分段的中间点，而是使用一个或多个额外的直流电容器达到相同效果。由于这些直流电容器与换流器的直流端子绝缘，因此被称为悬浮电容或飞跨电容。这种电路有时也被称作“Foch-Meynard”电路以纪念其发明者。

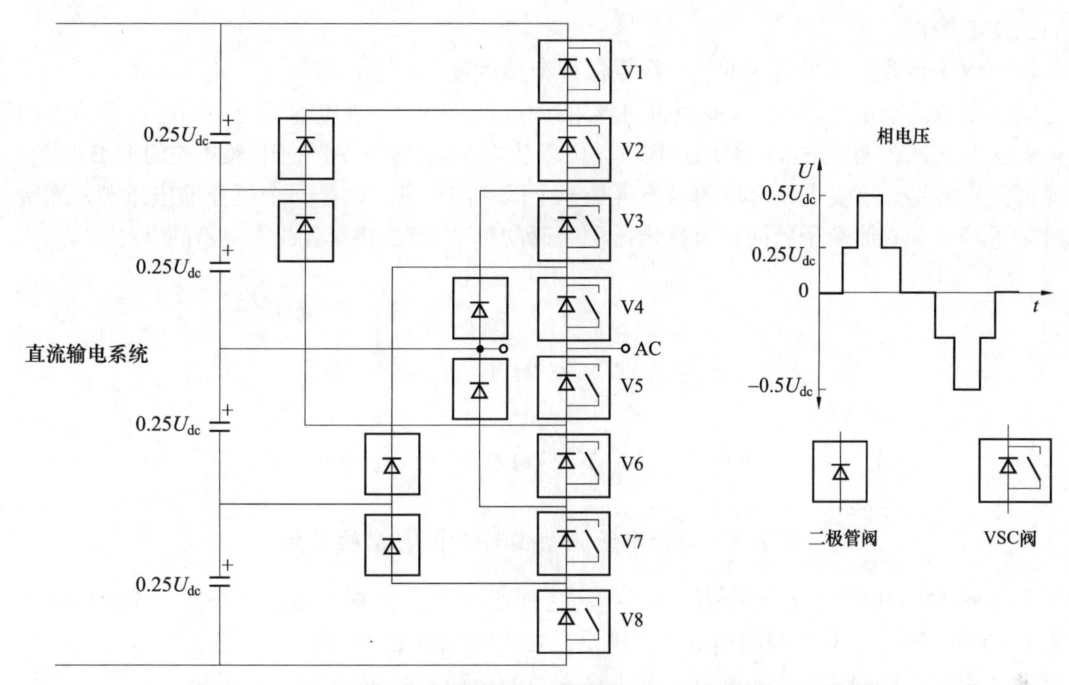

图 A.6　五电平二极管箝位换流器单相单元的基本电路拓扑

三电平飞跨电容换流器（其单相单元的基本电路拓扑见图 A.7）含有一个标称电压 0.5U_{dc} 的飞跨电容器。这个电容器连接在 V1/V2 的中间端子和 V3/V4 的中间端子之间。与三电平二极管箝位换流器相比，三电平飞跨电容换流器同样将阀成对同时投切，不同的是取得零输出电压的模式。为了实现零输出电压，需要阀 V1 和阀 V3 同时导通或阀 V2 和阀 V4 同时导通。禁止将阀 V2 和阀 V3 同时导通，这样将导致飞跨电容被短路。

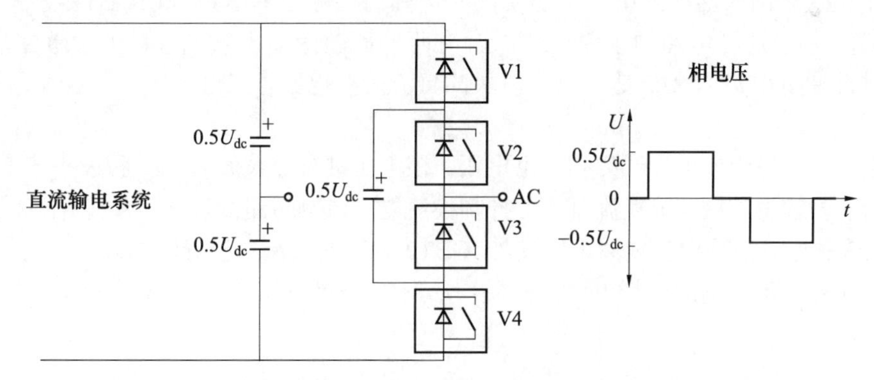

图 A.7　三电平飞跨电容换流器单相单元的基本电路拓扑

同样输出电平数量下，该换流器每相单元使用的 VSC 阀数量与二极管箝位换流器每相单元使用的 VSC 阀数量相同。与二极管箝位换流器类似，可以提高该换流器输出电平的数量，但其代价增加得更快。

A.5　可控电压源型 VSC 阀

A.5.1　概述

在两电平换流器中，阀和直流电容器明显属于分开的不同设备，并且可单独进行设计和试验。但是，随着输出电平数的增加，由 A.4.3 和 A.4.4 可知，直流电容器必须被不断细分，同时阀和直流电容器的相互影响也逐渐增大。

随着输出电压包含的电平数的增加，换流器逐渐接近理想状态，即使不使用 PWM 技术也可以实现非常接近标准正弦的输出电压波，此时直流电容的分段以及 IGBT 与电容器之间的连接会变得如此复杂以至于再无法明确区分两者。考虑到这种情况，可以认为 VSC 阀不仅包括用来开关的 IGBT 元件，还包括分布式直流电容器。事实上，这样的阀不再是一个简单的开关，而是一个可控的电压源，连接于相单元的交流端子和一个直流端子之间，可控电压源型阀的单个 VSC 相单元见图 A.8。

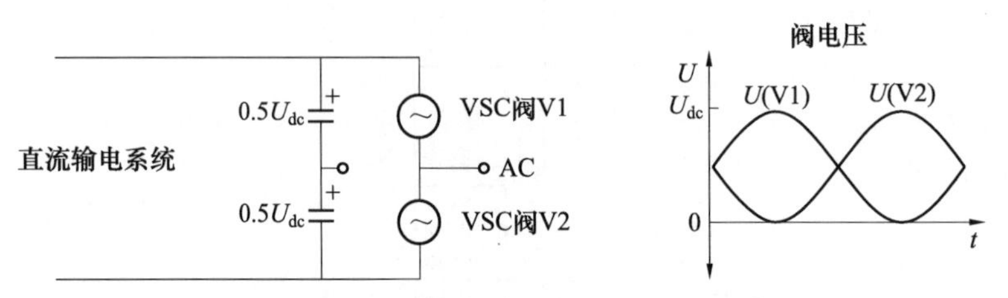

图 A.8　可控电压源型阀的单个 VSC 相单元

相单元中阀 V1 和阀 V2 均可产生一个单极性的输出电压，该电压接近一个完全偏置的正弦电压，其极值为 U=0 和 U=U_{dc}。两个阀的输出电压满足在任一时刻有 U（V1）＋U（V2）=U_{dc}。

原则上，实现这种阀的方式有多种，其中最常用的两种方式是：

a）模块化多电平换流器（modular multi-level converter，MMC）；

b）级联两电平换流器（cascaded two level converter，CTL）。

A.5.2　模块化多电平换流器

图 A.9 给出了一种模块化多电平换流器的实现电路。每个子模块的电路均为模块化的，由一个独立的直流电容器和两个 IGBT 开关组成。事实上，该电路与基本的两电平换流器（见图 A.4）非常相似，区别在于子模块之间的连接是由一个子模块的交流端（位于 IGBT1 和 IGBT2 之间）到相邻子模块的一个直流端。基于这种电路的子模块可以具有两种离散的输出状态：U=0（通过开通 IGBT2）或 U=U_{sm}（通过开通 IGBT1）。U_{sm} 是单个子模块的直流母线电压，其值远小于整个系统的直流母线电压 U_{dc}。

利用这一电路，可以合成单极性的阀输出电压，该电压具有最大值 U=U_{dc} 和最小值 U=0。但是，与目前已讨论的所有换流器相同，该换流器无法抑制换流器直流侧短路故障产生的过电流。原因是虽然两个 IGBT 可以很快关断，故障电流依然可经过与 IGBT2 并联的续流二极管流通。

通过使用图 A.10 所示的全桥结构而非图 A.9 所示的半桥结构，另一种实现 MMC 的电路解决了上述缺点。

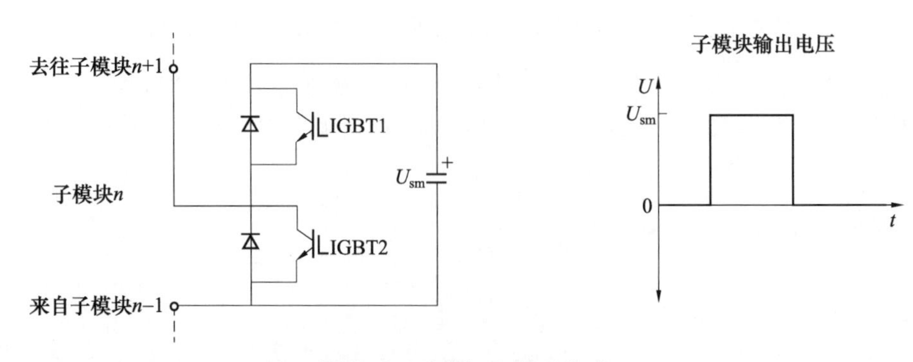

图 A.9　半桥 MMC 电路

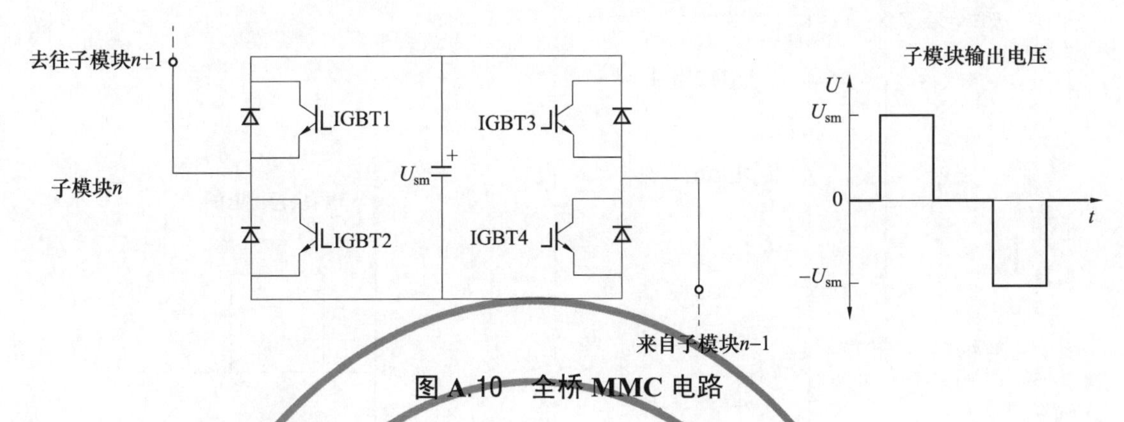

图 A.10　全桥 MMC 电路

对于使用全桥电路的 MMC，每个子模块包含了 4 个 IGBT，并且可以产生 3 种离散输出电压状态：

a）U=0（通过开通 IGBT1+IGBT3 或者开通 IGBT2+IGBT4）；

b）$U=U_{sm}$（通过开通 IGBT1+IGBT4）；

c）$U=-U_{sm}$（通过开通 IGBT2+IGBT3）。

使用全桥电路的换流阀可以合成两种极性的输出电压，使电压源换流器具备接入既有的高压直流输电线路的能力。即使被用于单极性的直流线路，全桥电路提供的额外能力可方便地实现换流阀电压的交流分量超过其直流分量（半桥电路不可能实现该要求），使换流阀中交流电流降低。此外，由于能够抑制直流侧短路所产生的故障电流，保护功能得以简化。另外，与半桥电路相比，全桥电路中 IGBT 元件的数量和通态损耗几乎翻番。

由于 MMC 电路先天具有模块化的特点，可以相当容易地获得高输出电平数而不需要使用 PWM（导致开关损耗增加并需要增加滤波）或者串联 IGBT（导致均压问题）。不同于开关型 VSC 阀，模块化多电平换流器可以使用工业标准 IGBT 器件。每个子模块内部没有冗余（因为正常运行需要两个 IGBT 都正常工作），一般通过在阀中额外增加数个子模块实现冗余，同时确保子模块出现故障时可被整体旁路。

另外，需要的分立型直流电容器的数量和体积是相当可观的，并且可能很难保证所有直流电容器的电压均衡。因此，与两电平和三电平换流器相比，该拓扑使得阀的设计更简单且损耗更低，但代价是需要更复杂的控制架构和更大的占地面积。

A.5.3　级联两电平换流器

MMC 电路的一个优势是避免了 IGBT 的直接串联和同时开关。但是，实现 MMC 电路时同样可以在每个开关位置使用多个 IGBT 串联。按照这种方式设计的换流器被称为“级联两电平”换流器以区别于模块化多电平换流器，但其电路功能在几乎每一方面都与 MMC 电路完全一致。

与 MMC 电路相同，CTL 电路存在“半桥”和“全桥”两个种类。CTL 阀的构造模块被称为“单元”，图 A.11 给出了半桥结构的单元（半桥 CTL 电路）。两个开关位置均包含了 n 个同时开关的串联 IGBT，并且单元中直流电容器的运行电压约是 MMC 电路中子模块直流电容器的运行电压的 n 倍。

在运行方面，CTL 电路与 MMC 电路相比唯一显著区别是 CTL 电路产生的阀输出电压比 MMC 电路产生的阀输出电压的电平数更少，电压阶跃更高。若将 CTL 电路每个开关位置串联的 IGBT 数量控制适中（如 5～10），那么仍能获得好的波形质量，同时使其控制系统与 MMC 电路的控制系统相比得到一些简化，但即使如此其谐波性能与 MMC 电路相比仍要差一些。此外，CTL 电路的确要求复杂的 IGBT 门极驱动电路以及与所有开关型 VSC 阀中相同的特殊 IGBT。

冗余实现方式是在每个单元的每个开关位置安装多于换流器额定电压运行数量要求的 IGBT。

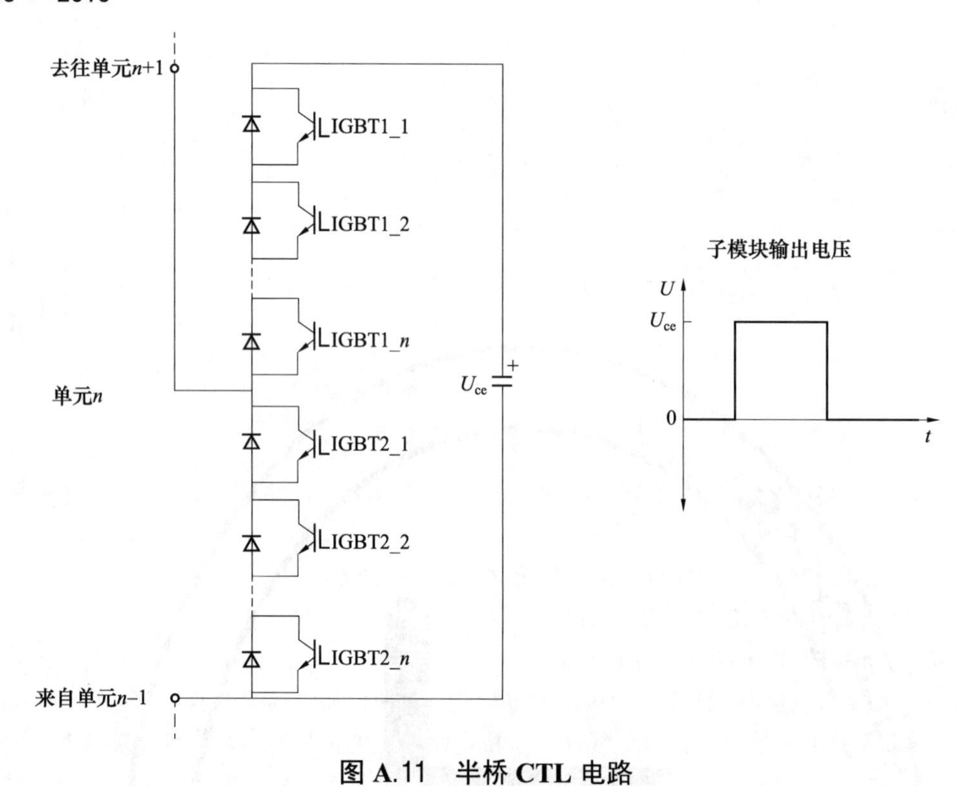

图 A.11　半桥 CTL 电路

A.5.4　可控电压源型阀的术语

为了解释诸如“VSC 阀级”“子模块”和“单元”的术语含义，图 A.12 和图 A.13 分别给出了 MMC 阀和 CTL 阀的主要结构术语。

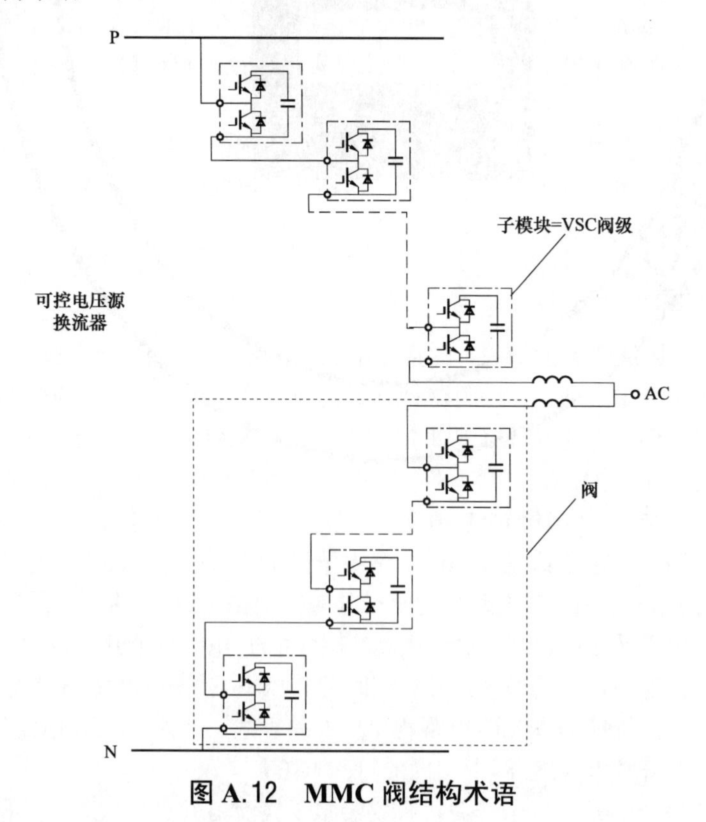

图 A.12　MMC 阀结构术语

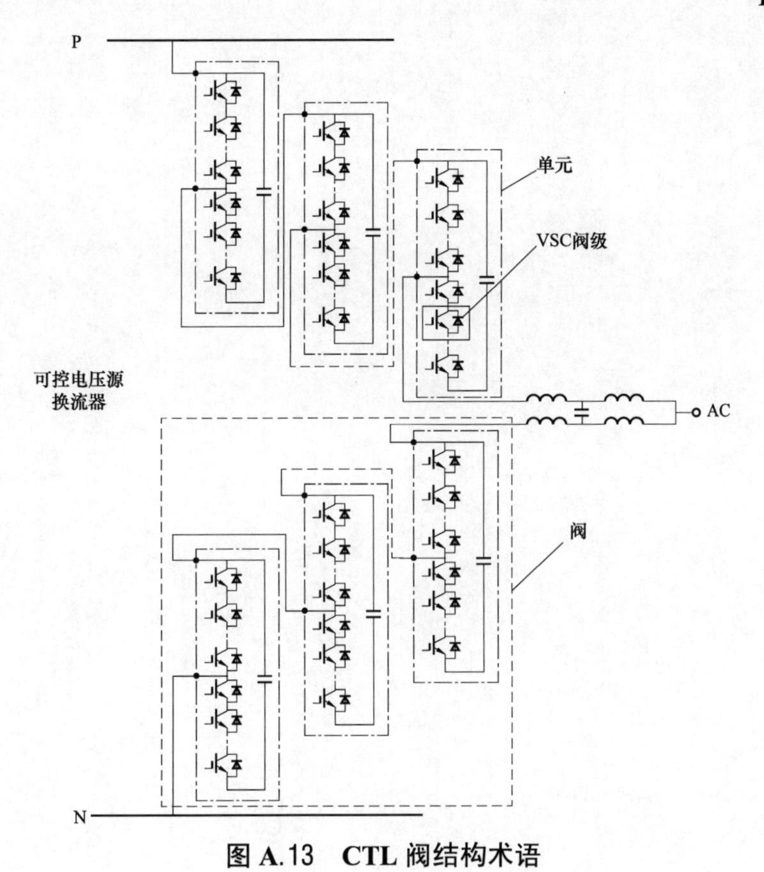

图 A.13　CTL 阀结构术语

中 华 人 民 共 和 国
电 力 行 业 标 准
柔性直流输电用电压源型
换流阀 电气试验
DL/T 1513 — 2016
*
中国电力出版社出版、发行
（北京市东城区北京站西街 19 号 100005 http://www.cepp.sgcc.com.cn）
北京传奇佳彩数码印刷有限公司印刷
*
2016 年 7 月第一版 2019 年11月北京第三次印刷
880 毫米×1230 毫米 16 开本 2 印张 55 千字
印数 401—600 册
*
统一书号 155123 • 3142 定价 **17.00** 元

中国电力出版社官方微信

电力标准信息微信